Yvonne Kirchhöfer

UNESCO-Weltnaturerbestätten in Deutschland - Typisierung und Vermarktung

GRIN Verlag

Bibliografische Information der Deutschen Nationalbibliothek:

Die Deutsche Bibliothek verzeichnet diese Publikation in der Deutschen National-
bibliografie; detaillierte bibliografische Daten sind im Internet über http://dnb.d-
nb.de/ abrufbar.

Impressum:

Copyright © 2006 GRIN Verlag GmbH
Druck und Bindung: Books on Demand GmbH, Norderstedt Germany
ISBN: 978-3-640-21942-1

Dieses Buch bei GRIN:

http://www.grin.com/de/e-book/91727/unesco-weltnaturerbestaetten-in-deutsch-
land-typisierung-und-vermarktung

Geographisches Institut

der

Universität zu Köln

Oberseminar:

Landschaftserfassung, Landschaftsbewertung, Landschaftsinterpretation

Sommersemester 2006

Oberseminararbeit:

UNESCO – Weltnaturerbestätten in Deutschland – Typisierung und Vermarktung

vorgelegt von:

Yvonne Kirchhöfer

Datum: 16.06.2006

Inhaltsverzeichnis

1 Einleitung

Seit 1972 ernennt die UNESCO weltweit Natur- und Kulturgüter, die einen „außergewöhnlichen universellen Wert" (Internet 1)) besitzen, zu Weltnatur- bzw. Weltkulturerbestätten und stellt sie damit unter einen besonderen Schutz. Auch in Deutschland wurden durch die UNESCO 30 Weltkulturerbestätten und eine Weltnaturerbestätte ausgezeichnet. Da die vorliegende Arbeit den Titel „UNESCO – Weltnaturerbestätten in Deutschland – Typisierung und Vermarktung" trägt, wird nach einer Beschreibung der UNESCO – die Aufbau, Arbeitsbereiche und Vorgehensweise umfasst – das Hauptaugenmerk auf die einzige, von der UNESCO als solche ausgezeichnete und geschützte Weltnaturerbestätte Deutschlands gelegt: Die Fossilienlagerstätte Grube Messel. In einem ersten Kapitel wird daher zunächst eine detaillierte Darstellung der in der Fachliteratur bis vor 5 Jahren noch umstrittenen Genese der Lagerstätte erfolgen. Zudem wird eine ausführliche Betrachtung ihres Aufbaus und der in ihr gelagerten Ölschiefer durchgeführt, bevor in einem letzten Schritt auf die Fossilien der Lagerstätte eingegangen werden wird, welche für die weltweite Bekanntheit der Grube Messel verantwortlich sind.

In den beiden folgenden Kapiteln werden zwei von der UNESCO zwar nicht zu Welt**natur**erbestätten, aber zu Welt**kultur**erbestätten ernannte Landschaften kurz vorgestellt: die Kulturlandschaft des Oberen Mittelrheintals und die Elbtalweitung bei Dresden. Auch ohne besondere Auszeichnung handelt es sich bei diesen Stätten zweifellos um schützenswerte Naturlandschaften, welche aus eben diesem Grund in der vorliegenden Arbeit unter den die Genese betreffenden und morphologischen Aspekten kurz betrachtet werden sollen. Auf die kulturräumlichen Gegebenheiten wird hingegen nicht eingegangen werden, da es den Themenschwerpunkt dieser Arbeit nicht treffen und zudem den Umfang dieser Arbeit übersteigen würde.

Im Anschluss an die Darstellung der drei UNESCO Weltnatur- bzw. Weltkulturerbestätten wird eine Analyse und Bewertung sowie ein Vergleich der Öffentlichkeitsarbeit der jeweiligen Stätten anhand ihrer Internetpräsentationen erfolgen, bevor es in einem abschließenden Kapitel zu einer zusammenfassenden Schlussbetrachtung der Arbeit kommt.

2 Die UNESCO

Die Organisation der Vereinten Nationen für Bildung, Wissenschaft, Kultur und Kommunikation – kurz UNESCO (Abkürzung für englisch „United Nations Educational, Scientific and Cultural Organization") – stellt eine rechtlich eigenständige, international agierende Sonderorganisation der Vereinten Nationen dar (Internet 1)). Sie wurde am 16. November 1945 in London von 37 Staaten gegründet und hat seit 1946 ihren Sitz in Paris (Internet 2)). Heute zählt die UNESCO insgesamt 191 Mitgliedsstaaten (Internet 1)).

Am 11. Juli 1951 wurde die Bundesrepublik Deutschland Mitglied der UNESCO, im November 1972 auch die damalige Deutsche Demokratische Republik (Internet 1)). Die Deutsche UNESCO-Kommission (DUK) hat ihren Sitz in Bonn (Internet 1)).

Die Generalkonferenz aller Mitgliedstaaten, die alle zwei Jahre in Paris zusammenkommt, ist das Hauptentscheidungsgremium der UNESCO (Internet 1)). Sie wählt auch den Exekutivrat, der aus 58 Vertretern aus den 191 Mitgliedstaaten besteht und als Aufsichtsorgan zwischen den Generalkonferenzen fungiert (Internet 1)). Des Weiteren bereitet der Exekutivrat die Generalkonferenzen vor und sorgt sich um die regelgerechte Einhaltung des von der Generalkonferenz verabschiedeten Arbeitsprogramms (Internet 1)).

Ihr Hauptziel definiert die UNESCO im Artikel I.1 der UNESCO-Verfassung, die am 16. November 1945 in London verabschiedet und zuletzt am 01. November 2001 von der 30. UNESCO-Generalkonferenz geändert wurde, wie folgt:

> Ziel der UNESCO ist es, durch Förderung der Zusammenarbeit zwischen den Völkern in Bildung, Wissenschaft und Kultur zur Wahrung des Friedens und der Sicherheit beizutragen, um in der ganzen Welt die Achtung vor Recht und Gerechtigkeit, vor den Menschenrechten und Grundfreiheiten zu stärken, die den Völkern der Welt ohne Unterschied der Rasse, des Geschlechts, der Sprache oder Religion durch die Charta der Vereinten Nationen bestätigt worden sind.
> (Internet 1))

Um dieses Ziel zu erreichen, engagiert sich die UNESCO durch verschiedene Programme in unterschiedlichen Aufgabenbereichen und zwar in den Bereichen Bildung, Wissenschaften, Kommunikation und Information und im Bereich Kultur (Internet 1)). Die generelle Grundorientierung dieser Programme wird „in den sechsjährigen "Mittelfristigen Strategien" (derzeit Mittelfristige Strategie der UNESCO 2002-2007) festgelegt" (Internet 1)). Alle zwei Jahre formuliert die UNESCO des Weiteren konkrete Programme und Projekte für die einzelnen Bereiche, die auf der Generalkonferenz aller Mitgliedstaaten beschlossen werden (Internet 1)). Die

UNESCO baut also weltweit Modellprojekte auf und berät die Regierungen in den oben genannten Bereichen mit Hilfe von Wissenschaftlern und Experten, somit ist die „UNESCO [..] vor allem ein Forum zur globalen intellektuellen Zusammenarbeit" (Internet 1)).

Die Verantwortung für die praktische Umsetzung des UNESCO-Programms kommt dem Sekretariat der UNESCO mit Sitz in Paris zu, an dessen Spitze der momentane Generaldirektor der UNESCO, Koichiro Matsuura, steht (Internet 1)).

Was zwischenstaatliche Beziehungen betrifft, so ist die UNESCO auch normativ tätig (Internet 1)). Dementsprechend verabschiedete sie viele internationale Konventionen, die stets nur mit einer Zweidrittelmehrheit durchgesetzt werden können und nur so alle Mitgliedstaaten verpflichtet, diese einzuhalten und in regelmäßigen Abständen über deren Verwirklichung und Einhaltung zu berichten (Internet 1)). Beispiele hierfür sind Konventionen unterschiedlichster Art: Angefangen bei der Urheberrechtskonvention (1952), der Konvention zum Schutz des Kultur- und Naturerbes (1972), der Konvention über die berufliche Bildung (1989), die Konvention zum Schutz und zur Förderung der Vielfalt kultureller Ausdrucksformen (2005) bis hin zur Konvention gegen Doping im Sport (2005) (Internet 1)).

Internationale Standards setzen auch Empfehlungen und Erklärungen der UNESCO, wenngleich diese nicht völkerrechtlich verbindlich sind, da sie nur mit einer einfachen Mehrheit verabschiedet werden müssen. Ein Beispiel hierfür ist die Universelle Erklärung über Bioethik und Menschenrechte von 2005 (Internet 1)).

„Die UNESCO finanziert sich hauptsächlich aus den Pflichtbeiträgen ihrer Mitgliedstaaten" (Internet 1)). So beträgt der reguläre Zweijahreshaushalt 2006-2007 610 Millionen US-Dollar (Internet 1)). Hinzu kommen noch außerordentliche Beiträge, Treuhandgelder für bestimmte Projekte, Spenden, private Mittel, freiwillige Beiträge von Mitgliedstaaten und Ähnliches (Internet 1)). Nach den USA und Japan ist Deutschland heute der drittgrößte Beitragszahler der UNESCO (Internet 1)).

Aufgabe der Deutschen UNESCO Kommission (DUK) ist es, „die Bundesregierung und die übrigen zuständigen Stellen in UNESCO-Belangen zu beraten, an der Verwirklichung des UNESCO-Programms in Deutschland mitzuarbeiten, die Öffentlichkeit über die Arbeit der UNESCO zu informieren und Institutionen, Fachorganisationen und Experten mit der UNESCO in Verbindung zu bringen" (Internet 1)).

2.1 Schutz bedeutender Kultur- und Naturstätten durch die UNESCO

Keine Arbeit der UNESCO wird von der Öffentlichkeit weltweit so sehr wahrgenommen wie die Maßnahmen und Aktivitäten der UNESCO zum Schutz bedeutender Kultur- und Naturstätten (Internet 3). „Die UNESCO hat sich zur Aufgabe gemacht, die Kultur- und Naturgüter der Menschheit, die einen "außergewöhnlich universellen Wert" besitzen, zu erhalten" (Internet 4). Die „Internationale Konvention zum Schutz des Kultur- und Naturerbes" (Welterbekonvention) wurde am 16. November 1972 von der Generalkonferenz der UNESCO in Paris verabschiedet (Internet 5). In ihr ist unter anderem festgehalten, was als Kultur- und Naturerbe definiert wird, wie diese auf nationaler und internationaler Ebene geschützt werden müssen und wie der Schutz finanziert werden soll.

„Es ist das international bedeutendste Instrument, das jemals von der Völkergemeinschaft zum Schutz ihres kulturellen und natürlichen Erbes beschlossen wurde" (Internet 1)). Die Welterbekonvention beruht also auf der folgenden Idee: „Die Verantwortung für den Schutz eines Kultur- oder Naturgutes [...] liegt nicht allein in der Hand des jeweiligen Staates; vielmehr fällt er unter die Obhut der gesamten Menschheit" (Internet 6)). Mittlerweile haben diese Konvention 180 der 191 Mitgliedstaaten unterzeichnet (Internet 1)) und sich damit einerseits verpflichtet, die Welterbestätten die in ihren Ländern liegen, zu schützen und für nachfolgende Generationen zu erhalten und andererseits zugestimmt, dass sie auch die Welterbestätten, die in den anderen Mitgliedstaaten liegen, nach ihren Möglichkeiten schützen und erhalten werden (Internet 6)).

In Artikel 8 der Welterbekonvention ist festgehalten, dass „ein Zwischenstaatliches Komitee für den Schutz des Kultur- und Naturerbes von außergewöhnlichem universellem Wert mit der Bezeichnung „Komitee für das Erbe der Welt" errichtet" (Internet 5)) werden soll. Dieses „Komitee für das Erbe der Welt" (kurz: Welterbekomitee) wird von den Mitgliedstaaten auf der Tagung der Generalkonferenz der UNESCO gewählt, wobei „eine ausgewogene Vertretung der verschiedenen Regionen und Kulturen der Welt zu gewährleisten"(Internet 5)) ist.

Nach der Verabschiedung der Konvention 1972 gehörten dem Welterbekomitee 15 Vertragsstaaten an (Internet 5)). Seit dem Zeitpunkt, an dem 40 Staaten die „Internationale Konvention zum Schutz des Kultur- und Naturerbes" unterzeichnet hatten, wurde die Anzahl der Vertragsstaaten im Welterbekomitee nach Bestimmung der Welterbekonvention (Artikel 8.1) auf 21 erhöht (Internet 5)). Die Amtszeit der Staaten des Welterbekomitees ist unterschiedlich. Bei zwei Drittel der Mitgliedstaaten des Welterbekomitees endet die Amtszeit nach 6 Jahren, bei einem Drittel schon nach 2 Jahren (Internet 5)).

In beratender Eigenschaft kann dieses Komitee nach Artikel 8.3 unterstützt werden durch einen Vertreter der Internationalen Studienzentrale für die Erhaltung und Restaurierung von Kulturgut (Römische Zentrale), einen Vertreter des Internationalen Rates für Denkmalpflege (ICO-MOS) und einen Vertreter der Internationalen Union zur Erhaltung der Natur und der natürlichen Hilfsquellen (IUCN), sowie durch „Vertreter anderer zwischenstaatlicher oder nichtstaatlicher Organisationen mit ähnlichen Zielen" (Internet 5)).

Das Welterbezentrum, oder auch „UNESCO-Zentrum für die Erhaltung des Erbes der Menschheit" (Internet 6)), wurde 1992 mit Sitz in Paris als ständiges Sekretariat des Welterbekomitees gegründet (Internet 6)). Es ist die Aufgabe des Welterbezentrums, „die internationale Zusammenarbeit für einen wirksamen Schutz des Natur- und Kulturerbes zu fördern und zu intensivieren" (Internet 6)).

Nach Artikel 11.2 ist das Welterbekomitee verpflichtet, mindestens alle 2 Jahre eine auf den neuesten Stand gebrachte „Liste des Erbes der Welt" (kurz: Welterbeliste) zu veröffentlichen, in der alle Weltkultur- und Weltnaturgüter festgehalten werden (Internet 5)). „Der Welterbeliste liegt die Idee zugrunde, dass diese einzigartigen Kultur- und Naturschätze der Erde nicht einem Staat allein gehören, sondern der gesamten Menschheit, die auch gemeinsam dafür die Verantwortung übernehmen sollte" (Internet 1)). Aus diesem Grunde ist auch ein Welterbefonds eingerichtet worden, der aus freiwilligen und regelmäßigen Beitragszahlungen besteht und somit jährlich ein unterschiedliches Budget umfasst, welches zwischen vier und 10 Millionen US-Dollar liegt, wobei Deutschland jährlich circa 250.000 US-Dollar in den Fonds einzahlt (Internet 1)). Zu erwähnen ist an dieser Stelle, dass das Geld keinesfalls dazu dient, alle in der Welterbeliste aufgeführten Güter zu schützen und zu erhalten. Vielmehr verpflichten sich alle Mitgliedstaaten der UNESCO, die die Welterbekonvention unterzeichnet haben, den Schutz und die Erhaltung der Weltkultur- bzw. Weltnaturerbestätten, die in ihrem Hoheitsgebiet liegen, selbstverantwortlich zu finanzieren (Internet 1)). Die Gelder des Welterbefonds werden in der Regel nur für die zu schützenden Objekte der ärmeren Länder verwendet (Internet1)).

Neben der Welterbeliste ist das Welterbekomitee nach Artikel 11.4 auch verpflichtet eine Liste mit der Bezeichnung „Liste des gefährdeten Erbes der Welt" zu erstellen, die in der Öffentlichkeit auch oft als die „Rote Liste" bekannt ist (Internet 5)). Auf ihr müssen und dürfen nur die Stätten, die auf der Welterbeliste stehen und als besonders gefährdet gelten, aufgeführt werden (Internet 6)). Dies sind all die Stätten, „zu [..deren] Erhaltung umfangreiche Maßnahmen erforderlich sind" (Internet 5)), die also z.B. „durch Natur- und sonstige Katastrophen, Krieg, städtebauliche Vorhaben und private Großvorhaben ernsthaft bedroht sind" (Internet 6)). Ein bekanntes Beispiel aus Deutschland ist der Kölner Dom, der „wegen der Gefährdung der visuellen Integrität des Doms und der einzigartigen Kölner Stadtsilhouette durch die Hochhausplanungen auf der dem Dom gegenüberliegenden Rheinseite" (Internet 7)) auf die Rote Liste gesetzt wurde. Ob der Kölner Dom Weltkulturerbe bleibt oder nicht entscheidet das Welterbekomitee auf seiner nächsten Tagung im Sommer 2006 (Internet 7)).

2.2 Eine Kultur-/Naturstätte wird Weltkultur-/Weltnaturerbe

Das Welterbekomitee, welches einmal jährlich zusammenkommt, beurteilt nach den in der Welterbekonvention festgelegten Kriterien, ob eine Stätte in die Welterbeliste aufgenommen wird und damit ein Kultur- oder Naturerbe von außergewöhnlichem universellem Wert ist (Internet 5).

Zunächst einmal sieht die Welterbekonvention nach Artikel 11.1 vor, dass jeder Mitgliedstaat beim Welterbekomitee eine Vorschlagsliste für die Aufnahme von neuen Welterbestätten, die in seinem Hoheitsgebiet liegen, einreicht, in der „Angaben über Lage und Bedeutung des betreffenden Gutes enthalten" sein müssen (Internet 5)). Neben dieser Vorschlagsliste müssen die Staaten auch gleichzeitig einen das Komitee überzeugenden „Erhaltungsplan" für die jeweiligen Stätten einreichen (Internet 6)).

Dann überprüft das Welterbekomitee auf der einen Seite, ob die Stätte „dem Anspruch der Echtheit bzw. Unversehrtheit genügt" (Internet 8)). Andererseits überprüft es für die Aufnahme eines Kulturgutes in die Welterbeliste, also für die Ernennung zum Weltkulturerbe, ob das Kulturgut mindestens einem der nachfolgenden Kriterien entspricht:

Das Objekt...

(i)   ist eine einzigartige künstlerische Leistung, ein Meisterwerk des schöpferischen Geistes,

(ii)   hat während einer Zeitspanne oder in einem Kulturgebiet der Erde beträchtlichen Einfluss auf die Entwicklung der Architektur, der Großplastik oder des Städtebaus und der Landschaftsgestaltung ausgeübt,

(iii)   stellt ein einzigartiges oder zumindest außergewöhnliches Zeugnis einer untergegangenen Zivilisation oder Kulturtradition dar,

(iv)   ist ein herausragendes Beispiel eines Typus von Gebäuden oder architektonischen Ensembles oder einer Landschaft, die (einen) bedeutsame(n) Abschnitt(e) in der menschlichen Geschichte darstellt,

(v)   stellt ein hervorragendes Beispiel einer überlieferten menschlichen Siedlungsform oder Landnutzung dar, die für eine bestimmte Kultur (oder Kulturen) typisch ist, insbesondere wenn sie unter dem Druck unaufhaltsamen Wandels vom Untergang bedroht wird,

(vi)   ist in unmittelbarer oder erkennbarer Weise mit Ereignissen, lebendigen Traditionen, mit Ideen oder mit Glaubensbekenntnissen, mit künstlerischen oder literarischen Werken von außergewöhnlicher universeller Bedeutung verknüpft. (Das Komitee ist der Ansicht, dass dieses Kriterium die Aufnahme in die Liste nur unter außergewöhnlichen Umständen oder in Verbindung mit anderen Kriterien rechtfertigen kann.)
(Internet 8))

Damit ein Naturgut zum Weltnaturerbe ernannt wird, muss es auch der Prüfung auf Echtheit bzw. Unversehrtheit und wiederum mindestens einem der dafür festgeschriebenen Kriterien gerecht werden:

Das Objekt...

(i)   stellt ein außergewöhnliches Beispiel bedeutender Abschnitte der Erdgeschichte dar, eingeschlossen biologische Evolutionen, bedeutende im Gang befindliche geologische Prozesse in der Entwicklung von Landformen oder bedeutende geomorphologische oder physiogeographische Formen,

(ii)   liefert ein außergewöhnliches Beispiel von im Gang befindlichen ökologischen und biologischen Prozessen in der Evolution und Entwicklung von terrestrischen, Frischwasser-, Küsten- und marinen Ökosystemen sowie Pflanzen- und Tiergemeinschaften,

(iii)   stellt eine überragende Naturerscheinung oder ein Gebiet von außergewöhnlicher natürlicher Schönheit und ästhetischer Bedeutung dar,

(iv)   enthält die bedeutendsten und typischsten natürlichen Lebensräume für in-situ Schutz von biologische Diversität, einschließlich solcher bedrohter Arten, die aus wissenschaftlichen Gründen von außergewöhnlichem universellem Wert sind
(Internet 8)).

Nachdem das Welterbekomitee mit Hilfe der oben aufgeführten Kriterien für Kultur- bzw. Naturgüter und der Zweidrittelmehrheit im Komitee festgestellt hat, dass es sich bei der betreffenden Stätte um ein Objekt von außergewöhnlichem universellen Wert handelt, bedarf es noch der Zustimmung des betreffenden Staates für die Aufnahme in die „Liste des Erbes der Welt" (Internet 5)). Denn durch die Zustimmung des Staates wird die Stätte nicht nur in die Liste aufgenommen, sondern der Staat muss dann auch garantieren, diese Stätte auf eigene Kosten zu schützen und der Öffentlichkeit zugänglich zu machen (Internet 8)). Jeder Vertragsstaat der Welterbekonvention muss nach Artikel 4 eben dieser anerkennen, „dass es in erster Linie seine eigene Aufgabe ist, Erfassung, Schutz und Erhaltung in Bestand und Wertigkeit des in seinem Hoheitsgebiet befindlichen [...] Kultur- und Naturerbes sowie seine Weitergabe an künftige Generationen sicherzustellen" (Internet 5)).

Auf diese Art und Weise wurden bis heute 812 Kultur- und Naturerbestätten aus 137 Staaten aller Kontinente in die UNESCO-Welterbeliste aufgenommen (Internet 6)). Bei diesen 812 Stätten handelt es sich um 628 Kulturerbestätten, nur 160 Naturerbestätten und 24 Stätten, die sowohl den Kriterien für ein Kultur-, wie für ein Naturerbe entsprochen haben und somit beidem angehören (Internet 6)).

Das Welterbekomitee der UNESCO hat bis heute in Deutschland 30 Weltkulturerbestätten und eine Weltnaturerbestätte anerkannt (Internet 9)). Die Beispiele für Weltkulturstätten in Deutschland sind vielfältig: sie reichen vom Dom zu Aachen, der 1978 als erstes deutsches Kulturdenkmal in die Welterbeliste aufgenommen wurde, über die Hansestadt Lübeck (Datum der Aufnahme: 1987), die Völklinger Eisenhütte (1994), die Luthergedenkstätten in Eisleben und Wittenberg (1996), die Kulturlandschaft Oberes Mittelrheintal (2002), das Elbtal in Dresden (2004), bis hin zum Obergermanisch-rätischem Limes (2005) (Internet 8)). Die einzige Weltnaturerbestätte Deutschlands ist die Fossilienlagerstätte Grube Messel, die 1995 in die „Liste des Erbes der Welt" aufgenommen wurde (Internet 9)).

Da das Hauptaugenmerk dieser Arbeit auf den Weltnaturerbestätten Deutschlands liegt, von welchen es hier aber nur eine gibt, werden neben der Grube Messel in den folgenden Kapiteln die beiden Weltkulturerbestätten Oberes Mittelrheintal und das Elbtal bei Dresden unter besonderer Beachtung ihrer geomorphologischen und geologischen Besonderheiten kurz beleuchtet.

3 Die Fossilienlagerstätte Grube Messel

Bei dem bis heute einzigen (echten) deutschen Weltnaturerbe handelt es sich einerseits um den ehemaligen Tagebau Grube Messel, in dem so genannter „Ölschiefer" abgebaut und in einem dem Tagebau angeschlossenen Schwelwerk zu Rohöl extrahiert wurde. Andererseits handelt es sich aber auch um eine Fossilienlagerstätte, die „einzigartigen Aufschluss über die frühe Evolution der Säugetiere [gibt]" (Internet 9)).

Abbildung 1: Foto der Fossilienlagerstätte Grube Messel (Quelle: Internet 14))

Die früher eher unbedeutende Grube zählt heute zu den wertvollsten Fossilienlagerstätten der Erde, weshalb Experten nach GOEBEL auch vom „Schaufenster in die Geschichte der Erde und des Lebens" (1997: 219) schwärmen und die UNESCO sich 1995 dazu veranlasst sah, die Fossillagerstätte als Weltnaturerbestätte zu deklarieren.

3.1 Geologischer und geographische Einordnung der Grube Messel

Messel liegt 160 m über NN im Landkreis Darmstadt-Dieburg in Hessen, ca. 20 km süd-östlich von Frankfurt am Main, zwischen den Städten Darmstadt, Langen und Dieburg. Die Grube Messel liegt also im Bereich des Sprendlinger Horstes, einem Nord-Süd-gerichteten Höhenzug. Der Sprendlinger Horst geht im Norden bei Neu-Isenburg in die Rhein-Main-Ebene über, wird im Osten von der Hanau-Seligenstädter Senke begrenzt, stellt im Süden die nördliche Verlängerung des Odenwaldes und im Westen die östliche Grabenschulter des Oberrheingrabens dar (Abbildung 2).

Entstanden ist der Sprendlinger Horst im Alttertiär im Zusammenhang mit der Bildung des Oberrheingrabens; die Anlage der Horststruktur ist jedoch vermutlich bereits im Perm vorgeprägt worden (MARELL 1989; JACOBY 1997; JACOBY et al. 2000 nach NIX 2004: 29). Im frühen Tertiär entluden sich in Südhessen Spannungen der Erdkruste in teilweise tiefgehenden und weit reichenden Brüchen. Solche Störungen begrenzen den Sprendlinger Horst, der sich anhob, während das Rheintal und die Hanau-Seligenstädter Senke entlang der Bruchzonen absanken.

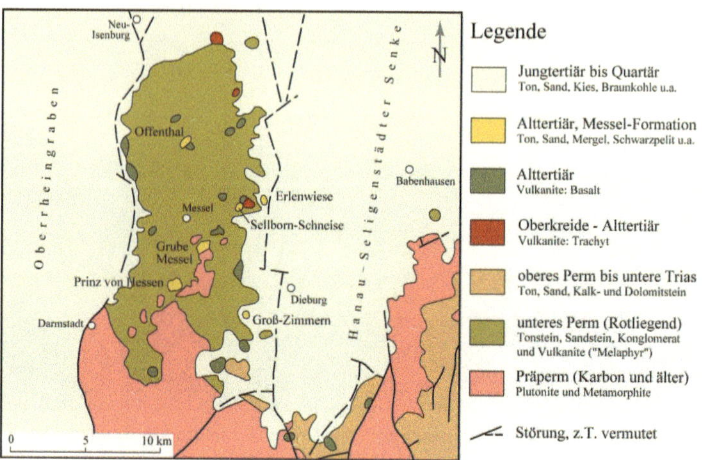

Abbildung 2: Geologisch-tektonische Karte des Sprendlinger Horstes (HARMS et al. 1999 verändert nach NIX 2004: 29).

Der Sprendlinger Horst besteht überwiegend aus dem Sedimentgestein des Rotliegenden (vorwiegend rote Sand- und Tonsteine sowie Brekzien und Konglomerate (MATTHESS 1966 nach NIX 2004: 29)), welches auf kristallinem Grundgebirge entstand. „Eingeschaltet sind basische perm- und tertiärzeitliche (49 Ma nach LIPPOLT et al. 1975) Vulkanite, die wahrscheinlich entlang vorgeprägter variscischer Schwächezonen aufstiegen (MATTHESS 1966, NEGENDANK 1975, HARMS 2001)" (NIX 2004: 29).

Unter dem Begriff der Messel-Formation (WEBER & HOFMANN 1982 nach NIX 2004: 29) werden Süßwassersedimente zusammengefasst, die im Eozän vor etwa 49 Millionen Jahren an verschiedenen Stellen auf dem Sprendlinger Horst abgelagerte wurden (NIX 2004: 29). Bei diesen Sedimenten handelt es sich zumeist um bituminöse Tonsteine, die aufgrund ihres hohen Bitumengehaltes von fast 15% (GOEBEL 1997: 219) auch als „Ölschiefer" bezeichnet werden. Die Ablagerung der Sedimente erfolgte lange vor der Hebung des Sprendlinger Horstes in kleinen geschützten Hohlformen (zu dessen Genese siehe Kapitel 3.2). Aus dem Grund, dass sie vor der natürlichen Erosion auf der Hochscholle, die Abtragungsgebiet war, geschützt waren, konnten die Sedimente bis heute erhalten bleiben. Neben der Grube Messel gibt es fünf weitere, kleinere Vorkommen der Messel-Formation (siehe Abbildung 2), die allerdings weniger bekannt sind als das UNESCO-Weltnaturerbe Grube Messel. Sie befinden sich bei folgenden Ortschaften: Offenthal, Eppertshausen (Sellborn-Schneise und Erlenwiese), Großzimmern/Gundernhausen und im Stadtwald von Darmstadt (Prinz von Hessen) (HARMS 2004: 2). Allerdings sind diese sechs Tertiärvorkommen wahrscheinlich nicht zeitgleich entstanden (HARMS et al. 1999; HARMS 2001; JACOBY et al. 2000; FELDER et al. 2001 nach NIX 2004: 29).

3.2 Aufbau und Genese der Fossilienlagerstätte Grube Messel

Die Genese der ursprünglichen Hohlform der Grube Messel, also des Ablagerungsbeckens der berühmten „Ölschiefer" von Messel, war noch bis ins Jahr 2001 unter Wissenschaftlern umstritten; man war sich lediglich einig, dass es sich bei der Grube Messel um ein Tertiärvorkommen handelt. Es wurden drei Grundmodelle für die Entstehung der ursprünglichen Hohlform diskutiert, die von unterschiedlichen Ansätzen ausgingen: „[…] einer tektonisch geprägten Senke, einer Bildung im Zusammenhang mit tertiärem Vulkanismus auf dem Sprendlinger Horst oder einem Impaktereignis [..]" (HARMS et al. 1999 nach NIX 2004: 30).

Manche Forscher gingen davon aus, dass es sich bei der Grube Messel um eine tektonisch geprägte Senke handelt, die im Zuge der Absenkung des Rheingrabens im Mitteleozän entstanden ist. So beschreibt z.B. MATTHES (1995) die Genese der ursprünglichen Hohlform als einen kleinen tektonischen Graben, der an Bewegungsbahnen entstanden ist, „deren Richtung den Zusammenhang mit dem System des Rheintalgrabens erkennen [.. lässt]" (MATTHES 1995: 26). Bereits „CHELIUS (1886) deutete die tertiären Sedimente als den in einer Grabenversenkung eingesunkenen Rest eines größeren Sedimentbeckens" (NIX 2004: 30).

Die wirkliche Entstehung der Grube Messel klärte die "Forschungsbohrung 2001". Das Forschungsinstitut Senckenberg (FIS), das Institut für Geowissenschaftliche Gemeinschaftsaufgaben (GGA) und das Hessische Landesamt für Umwelt und Geologie (HLUG) schlossen sich im „Rahmen eines Gemeinschaftsprojektes zur Klärung der Entstehung der tertiärzeitlichen „Ölschiefer"-Vorkommen im Raum Messel" (NIX 2004: 30) zusammen und führten von 1997 bis 2001 vier Forschungsbohrungen durch (NIX 2004: 30). Dieses „geologisch-geophysikalische[.] Forschungsprojekt" (HARMS 2004: 2) führte im Jahr 2001 im Zentrum der Grube Messel eine abgeteufte Forschungsbohrung bis in 433 m Tiefe durch (NIX 2004: 30). Das Ergebnis dieser Bohrung lieferte Gewissheit über den im Folgenden beschriebenen Aufbau (Abbildung 3) der Grube Messel und in Fortsetzung dessen auch über die Genese der ursprünglichen Hohlform der heutigen

Grube, auf die im Anschluss an den Aufbau eingegangen wird.

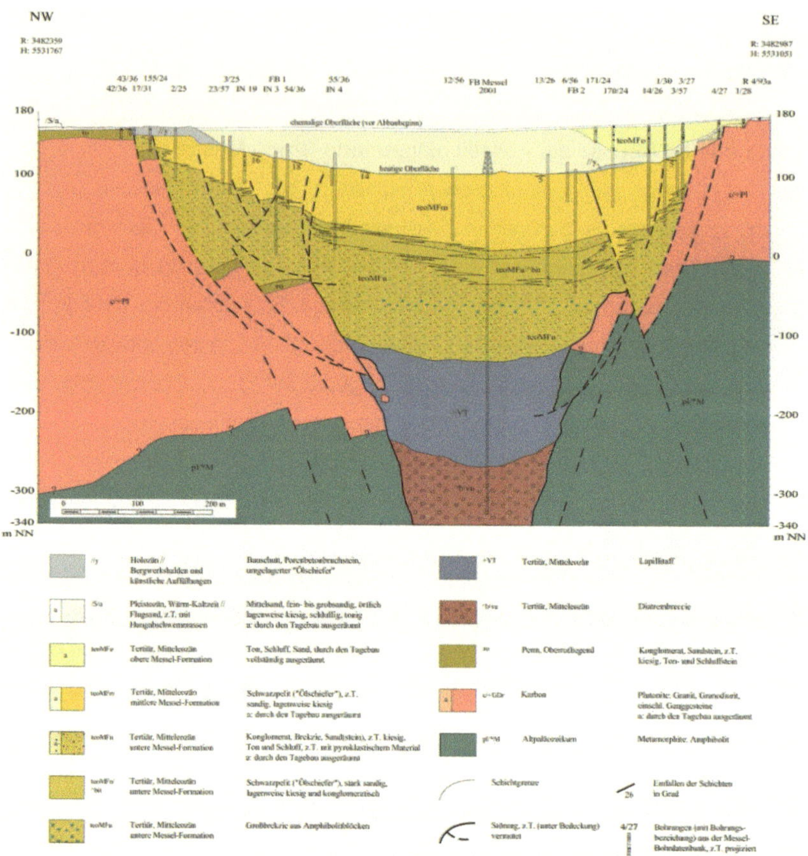

Abbildung 3: Geologischer Schnitt in Nordwest/Südost-Richtung durch das Vorkommen Grube Messel, Entwurf T. Nix und F.-J. Harms. (Quelle: NIX 2004: 31)

Die lakustrine Füllung des Seebeckens der Grube Messel reicht bis in 229 m Teufe und setzt sich zusammen aus Schwarzpelit (0 – 100 m Teufe), welches als Ölschiefer bekannt ist, brekziösen Sedimenten mit Rotliegend- , Granodiorit – und Amphibolitklasten (100 – 208 m Teufe) und im untersten Bereich bei 208 m bis 229 m Teufe besteht sie aus feineren, vorwiegend geschichteten Sanden, Schluffen und Brekzien (NIX 2004: 30). Unterhalb der lakustrinen Füllung findet man in 229 m bis ca. 240 m Teufe eine Schicht mit tuffistischem Sediment vor (NIX 2004: 30). In 240 m bis 373 m Teufe ist eine Schicht Lapillituff erbohrt, die aus „[…] meist basaltischen, blasenarmen, rundlichen Lapilli, und wechselnden Anteilen an Nebengesteinsklasten (Rotliegendsandstein, Granodiorit bzw. Granit und Amphibolit) bis Blockgröße [..besteht]" (NIX 2004: 30). In 373 m Teufe bis zu 433 m Endteufe (und vermutlich noch 50 m tiefer) steht eine Schicht aus geschichteten, meist calzitisch verkitteten Brekzien bis Megabrekzien an, deren interne Schichtung jeweils durch die Dominanz einer Klastenart (Rotliegendsandstein, Granodiorit bzw. Granit, Porhyr oder Amphiolit) hervorgerufen wird (NIX 2004: 30).

Aufgrund der Gewissheit über den Aufbau der Grube Messel konnte auch die Erklärung für die Genese der ursprünglichen Hohlform gefunden werden: Die ursprüngliche Hohlform der Grube Messel ist durch eine Maarexplosion entstanden. Im Aufbau lässt sich dies an zwei Stellen gut nachweisen. Zum einen sind die blasenarmen rundlichen Lapilli, die man in 240 m bis 373 m Teufe vorfindet, als „typische Produkte phreatomagmatischer Eruptionen einzustufen" (NIX & FELDER 2002 nach NIX 2004: 30). Zum anderen werden die Sedimente der Schicht bis zur Endteufe „als Teil einer Diatrembrekzie aus fragmentiertem Nebengestein, der kollabierten Umrandung eines ehemaligen Schlotes, eingestuft" (NIX 2004: 30).

Somit handelt es sich bei dem an der Stelle der heutigen Grube Messel entstandenen Messelsee ursprünglich um einen Maarsee, der durch die Verwitterung der ausgeworfenen Tuffe entstand. Aufgrund der Ergebnisse der Forschungsbohrung konnte festgehalten werden, „dass die Vulkaniklastite und Tuffe infolge des Ausbruchs eines Maar-Vulkans, unmittelbar vor der Bildung des eigentlichen Messel-Sees vor etwa 50 Mio. Jahren, abgelagert wurden" (HARMS et al. 2003 nach NIX 2004: 30).

3.3 Die „Ölschiefer" der Grube Messel

Die „Ölschiefer" von Messel müssen exakt als Schwarzpelit bezeichnet werden, welches ca. 100 m mächtig und meist fein geschichtet und stark wasserhaltig ist (NIX 2004: 33). Der Begriff „Ölschiefer" im Zusammenhang mit der Grube Messel kommt ursprünglich aus dem Bergbau und ist „weder geologisch-petrographisch noch chemisch exakt definiert" (NIX 2004: 33). Denn „nach TAYLOR et al. (1998) ist jedes Sedimentgestein ein „Ölschiefer" (bzw. oil shale), das hohe Anteile „unreifer" organischer Substanz mit einem hohen Kohlenwasserstoffpotential enthält" (NIX 2004: 33).

Das Schwarzpelit der Grube zeigt meist eine sehr feine Schichtung mit wechselnden organischen und mineralischen Lagen (HARMS 1998: 18). Die organischen Lagen gehen, neben Pilzen und Pollen, auf ein massenhaftes Absterben von fetthaltigen Algen der Familie Botryococcaceae zurück (MATTHESS 1995: 28). Gesetz dem Fall, dass die Algenblüte bei der Bildung des Schwarzpelit jahreszeitlich bedingt war, könnte der Wechsel von organischen und mineralischen Lagen kalendermäßig erfolgt sein (HARMS 1998: 18).

Diese Algen - die heute im „Ölschiefer-Dünnschliff als gelbe, kreisförmige Querschnitte zu erkennen sind" (MATTHESS 1995: 28) – können sich massenhaft vermehren und bilden an der Wasseroberfläche eine zusammenhängende Schicht (MATTHESS 1995: 28). Wenn die Algen abgestorben sind, sinken sie als Pflanzenmasse zu Boden. Bei ihrer dortigen Verwesung verbrauchen sie und andere organische Reste den in Bodennähe gelösten Sauerstoff des Seewassers (HARMS 1998: 18). Außerdem führt der Zerfall dieser Organismen neben Sauerstoffzehrung zu „dem Auftreten von Schwefelwasserstoff, Kohlendioxid und Methan" (MATTHESS 1995: 28). „Diese lebensfeindlichen Verhältnisse herrschten jedoch nur im tieferen Bereich des Seebeckens, während in den oberflächennahen Wasserschichten Fische, Wasserpflanzen und im Seichtwasserbereich lebende Schnecken und Süßwasserschwämme günstigere Bedingungen fanden" (MATTHESS 1995: 28). Allerdings verweist HARMS (1998: 18) darauf, dass das Fehlen von Wasserinsekten auf eine Einschränkung der Lebensmöglichkeiten hinweist, die auch die oberen Wasserzonen betroffen haben.

Der Mangel an Sauerstoff in Bodennähe hatte für den ehemaligen Messelsee verschiedene nachhaltige Folgen. Einerseits konnte ein großer Teil der organischen Substanz wegen des Sauerstoffmangels nicht oxidiert werden. Durch das dadurch gebildete Kerogen stieg der Bitumengehalt des am Grunde des Sees anzutreffenden Tonsteins auf fast 15% (GOEBEL 1997: 219) an und die schlammigen Ablagerungen wurden nach der Verlandung des ehemaligen Maarsees so zum „Ölschiefer". Andererseits ist dem Fehlen von Sauerstoff in der unteren Wasserschicht zu verdanken, dass man heute eine „vorzügliche Erhaltung der Feinschichtung" (HARMS 1998: 18) des Schwarzpelits vorfindet, da keine Tiere am Seeboden leben konnten, die die abgelagerten Schichten hätten durchwühlen können. Dass dadurch zur Zeit des Bestehens des ehemaligen Maarsees und während der Bildung des Schwarzpelits die abgestorbenen Tierkadaver und Pflanzenreste nicht verwesten und damit „die Fossilien dem normalen Recycling entzogen [waren]" (HARMS 1998: 18), ist die dritte und wahrscheinlich bekannteste Folge des Sauerstoffmangels in Bodennähe und der Grund, warum man heute sogar von einer Fossillagerstätte sprechen darf. Im Lauf der Zeit sanken also tote Tiere und Pflanzenreste in die Tiefe und wurden zwischen schlammigen Ablagerungen unter sauerstofffreien Bedingungen konserviert, bis der See schließlich aufgefüllt war und am Ende verlandete. Später wurden die Sedimente dann zu einem weichen Tonstein, dem Schwarzpelit verdichtet - die Fossilien eingeschlossen.

„Nur einige spezielle Bakterien, deren Stoffwechsel nicht von Sauerstoff abhängig ist, bauten Teile des organischen Materials langsam um" (HARMS 1998: 18). Dieser Tatsache ist es aber wiederum zu verdanken, dass in dem Schwarzpelit und an den Fossilien einzelne „Hautschatten" (HARMS 1998: 18) und andere Nachzeichnungen von Weichteilen zu erkennen sind.

Gleich bleibende und ruhige Ablagerungsbedingungen über einen langen Zeitraum werden heute als Grund für das gleichmäßige Erscheinungsbild der „Ölschiefer" gesehen (HARMS 1998: 18). Die einzelnen „Ölschieferlagen" werden in regelmäßigen Abständen durch sehr feine, gelb oder rötlich gefärbte, sandig-tonige Zwischenlagen (meist nur im mm-Bereich und noch dünner) und gelblichen Sandlinsen (von 1 – 20 mm Mächtigkeit) getrennt (MATTHESS 1995: 28). „Diese Inhomogenität in der Korngröße des Sedimentes läßt auf geringe Strömungen im Becken schließen, die Schwebstoffe und feinstes Sandmaterial – von außen in das Becken gelangt – transportierten" (MATTHESS 1995: 28). Allerdings rutschten immer wieder locker gewordene Hangpartien in das Becken nach, so dass am Rande des ehemaligen Maarkraters die Feinschichtung der „Ölschiefer" zerrissen wurde. Dadurch sind in diesem Bereich auch kaum noch vollständig erhaltene Fossilien vorzufinden (HARMS 1998: 18).

Abschließend bleibt an dieser Stelle noch festzuhalten, dass die „Ölschiefer" im grubenfeuchten Zustand zu 40% aus Wasser und etwa 25 % organischer und 35 % anorganischer Substanz besteht, wobei Tonminerale die Hauptmasse des anorganischen Anteils ausmachen (MATTHESS 1995: 28). Die Farbe des schiefrig zerfallenden Schwarzpelits wechselt bei dem Vorkommen in Messel von „grünlichgrau über kaffeebraun bis schwarzbraun" (TOBIEN 1995: 43).

3.4 Der ehemalige Tagbau Grube Messel wird UNESCO-Weltnaturerbe

Wissenschaftliche Bekanntheit erlangte die Grube Messel bereits im Jahr 1875 durch die Entdeckung des ersten Fossils (eines Alligators) (Internet 10)). Trotz dessen wurde in der Grube Messel jahrzehntelang Tagebau betrieben. Ziel des Abbaus war das im Messeler „Ölschiefer" enthaltene Kerogen (also der unlösliche organische Bestandteil). 1884 wurde die Gewerkschaft Messel gegründet und gleichzeitig ein Bergwerk sowie eine Schwelerei mit Mineralöl- und Paraffinfabrik errichtet. Seit diesem Zeitpunkt wurden in Messel die „Ölschiefer" abgebaut. Nachdem das Bergwerk in den folgenden rund 90 Jahren drei verschiedene Besitzer hatte, wurde es 1971 schließlich durch den Ytong-Konzern geschlossen (NIX 2004: 11). Bis Ende 1971 wurden so rund 20 Mio Tonnen des so genannten Schwarzpelits abgebaut, und daraus wurde fast eine Million Tonnen Rohöl gewonnen (GOEBEL 1997: 219).

Da die Stadt Darmstadt zu dieser Zeit zunehmend vor einem schier unlösbarem Müllproblem stand und weil man in der Grube Messel keinen wirtschaftlichen Nutzen mehr sah, keimte die Idee auf, die durch den Tagebau sowieso aufgeschlossene Grube mit Müll aus Darmstadt zu verfüllen und eine Deponie zu errichten (SCHAAL & SCHNEIDER 1995: 214 f.). Trotz der in den nächsten Jahren sensationellen Fossilienfunden durch paläontologisch interessierte Amateure in der Grube, wie z.B. ein vollständig erhaltenes 49 Mio. Jahre altes Tapir (Hyrachius minimus) – der erste und einzige Messeler Tapirfund bis heute, der sich allerdings in Privatbesitz befindet – wurde von den Plänen zur Errichtung einer Mülldeponie nicht abgerückt (SCHAAL & SCHNEIDER 1995: 219). 1977 wurde durch den damaligen Zweckverband Abfallbeseitigung Grube Messel (ab 1983 Zweckverband Abfallbeseitigung Südhessen (ZAS)) der Antrag auf Planfeststellung für Errichtung und Betreibung einer Abfallbeseitigungsanlage gestellt, für den 1981 tatsächlich der Planfeststellungsbeschluss erging (NIX 2004: 11). In den nächsten Jahren gab es heftige Proteste gegen die Pläne von Seiten der Bevölkerung, „Hobby-Paläontologen", Umweltschützern und anderen Institutionen, wie z.B. dem Senckenberg Museum in Frankfurt. „Mit der Abweisung der Klagen der Deponiegegner [..gab] das Verwaltungsgericht Darmstadt am 20.1.84 grünes Licht für die Errichtung der Mülldeponie in der Grube Messel" (SCHAAL & SCHNEIDER 1995: 244). Erst 1987/88 - nach weiteren Jahren des Streits über die Zukunft der Grube – gab die Hessische Landesregierung das Vorhaben zur Errichtung einer Mülldeponie auf. Grund war die Aufhebung des Planfeststellungsbeschlusses durch den Hessischen Verwaltungsgerichtshof (NIX 2004: 11). Um die Grube als einzigartige Fossilienfundstätte zu erhalten und um die Durchführung von paläontologischen Grabungen und die damit verbundene wissenschaftliche Forschung zu sichern, setzte die Hessische Landesregierung, die die Grube erst 1991 für 32,6 Mio. DM von dem damaligen Besitzer, der ZAS, erworben hatte, die Senckenbergische Naturforschende Gesellschaft als treuhändlerischen Betreiber der Grube im bergrechtlichen Sinne ein (SCHAAL & SCHNEIDER 1995: 260 ff.).

Um „den Status der Grube Messel als einmaliges Naturdenkmal des frühen Eozäns" (NIX 2004: 11) dauerhaft zu sichern, wurde 1994 der Antrag zur Aufnahme in die Welterbeliste der UNESCO bei ebendieser eingereicht (SCHAAL & SCHNEIDER 1995: 264). Im Dezember 1995 wurde die Grube Messel schlussendlich als erstes und bis heute einziges deutsches Naturdenkmal in die Liste des Welterbes aufgenommen und damit vor weiterer Zerstörung und Missbrauch bewahrt. Der ausschlaggebende Grund für die Aufnahme in die Welterbeliste war für die UNESCO die Erfüllung des Kriteriums (i) für Naturgüter (siehe Kapitel 2.2). So wurde die Fossilienlagerstätte Messel als „ein einzigartiges 'Schaufenster der Erdgeschichte' von außergewöhnlicher evolutionsgeschichtlicher Bedeutung [...] zum Naturerbe der Menschheit deklariert" (Internet 11)).

3.5 Fossilien der Grube Messel

Die „Ölschiefer" der Grube Messel bilden die wichtigste Ablagerung des ehemaligen Maarsees, da sie Rückschlüsse auf die speziellen Bedingungen erlauben, die im See nach seiner Bildung geherrscht haben (HARMS 1998: 18). Begründet werden kann diese Aussage vor allem an den vielseitigen, unterschiedlichen Fossilen, die in den „Ölschiefern" von Messel geborgen wurden. „Die zahlreichen Organismenreste [...] verteilen sich auf: Pflanzen [,] Süßwasser-Schwämme[,] Süßwasser-Schnecken[,] Insekten[,] Fische[,] Frösche[,] Schildkröten[,] Krokodile[,] Schlangen[,] Vögel [und] Säugetiere" (TOBIEN 1995: 35). Der Grund für den Fund von verschiedenen Amphibien und Säugetieren (wie z.B. dem Ameisenbären), die in unseren gemäßigten Breiten normalerweise nicht leben können und nur in tropischen oder subtropischen Klimaten vorzufinden sind, ist, dass das Gebiet der Grube Messel vor 50 Mio. Jahren durch die Kontinentaldrift etwa 10 Grad näher am Äquator lag als heutzutage, also ungefähr auf der heutigen Höhe

Neapels (Internet 12)). Durch das im Eozän meist vorherrschende subtropisch-wintertrockene Klima und die veränderte geographische Lage geht man davon aus, dass die eben erwähnten fossilen Funde dadurch zu begründen sind, dass sich zumindest über eine gewisse Zeitspanne hinweg um den damaligen Messelsee eine ausgedehnte Tropenlandschaft mit einer Durchschnittstemperatur von ungefähr 25 °C und immergrünem Wald erstreckt haben muss (Internet 12)). „Für einen subtropisch bis tropischen Regenwald sprechen [auch] die Überreste von zahlreichen Pflanzenarten und –familien, die ihren heutigen Verbreitungsschwerpunkt in den warmen Klimazonen der Erde haben, etwa Palmen, Lorbeergewächse, Schraubenbäume und Teegewächse" (GOEBEL 1997: 220).

Neben der eingangs erwähnten Artenvielfalt ist es vor allem die Qualität der Funde, die Messel als Fossillagerstätte so bedeutend macht. Sie ermöglicht ein präzises Bild von Anatomie und Lebensweise der bislang 100 nachgewiesenen Wirbeltierarten (darunter 40 verschiedene Säugetierarten) (Internet 9)).

> Besonderheiten im Körperbau zeigen die Lebensweise an; Mageninhalte lassen Nahrungsketten erkennen; und sogar über die Fortpflanzungsstrategien geben einige Fossilien Auskunft. So gewinnen wir Einblick in die Zusammenhänge von längst vergangenen Lebensgemeinschaften und verstehen die heutigen Gegebenheiten weit besser (KOENIGSWALD & STORCH 1998: 11).

Die wahrscheinlich bekanntesten Fossilienfunde von Messel sind die mittlerweile über 70 geborgenen Überreste von Urpferden, darunter über 30 vollständig erhaltene Skelette, wie auf Abbildung 4 zu erkennen ist (Internet 9)).

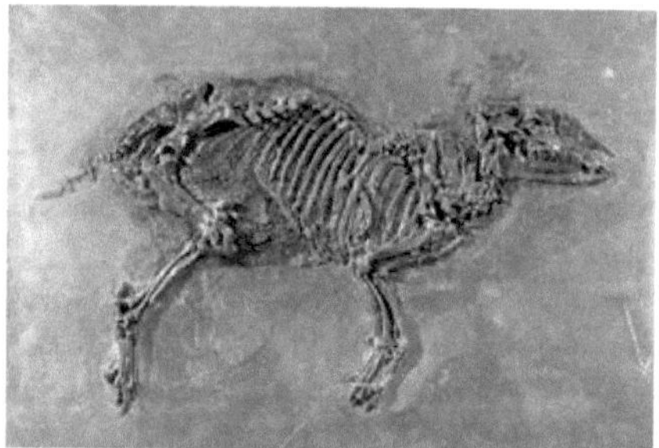

Abbildung 4: Ein in Messel geborgenes Urpferd (eines der schönsten und vollständigsten Exemplare der kleineren Art Propalaeotherium parvulum) (Quelle: Internet 13))

Bei den Urpferden handelt es sich um blatt- und früchtefressende Bewohner des Regenwaldes, wie die Analyse des Magen-Darm-Inhaltes und indirekt die niederkronigen Zähne belegen (Internet 13)). Durch die über die Messeler Urpferde gesammelten Erkenntnisse konnte der Stammbaum der Pferde rekonstruiert werden und zwar in so einer herausragenden Form, dass er „ein Paradebeispiel für die

Erforschung von Evolutionsprozessen wurde und auch in Schulbüchern ausführlich dargestellt wird" (Internet 13)).

4 Das obere Mittelrheintal

Im Juni 2002 wurde die Kulturlandschaft Oberes Mittelrheintal als 27. Deutsche Welterbestätte in die Liste des Welterbes aufgenommen. Die von der UNESCO als Weltkulturerbestätte ausgezeichnete Kulturlandschaft Oberes Mittelrheintal erstreckt sich auf einer Länge von rund 65 km vom rechtsrheinischen Bingen, bzw. linksrheinischen Rüdesheim bis nach Koblenz und umfasst somit das Durchbruchstal des Rheins durch das Rheinische Schiefergebirge (Internet 9)). „Bestandteil des Naturraums sind auch die angrenzenden Flächen der Mittel- und Hochterrassen (Obertal) als Zeugen urzeitlicher Flussläufe" (Internet 14)).

Das ausgezeichnete Welterbe umfasst somit insgesamt eine Fläche von rund 620 qkm und erstreckt sich über Teile der Bundesländer Rheinland-Pfalz und Hessen.

Abbildung 5: Blick über den Rhein bei Lorch (Quelle: Internet 15))

4.1 Genese des (oberen) Mittelrheintals

Das tief ins Rheinische Schiefergebirge eingeschnittene Mittelrheintal gilt als geomorphologisches Musterbeispiel eines antezendenten Durchbruchstals. „Sich in die schmalste Stelle des Rheinischen Schiefergebirges einschneidend, verbindet es

[...] die Oberrheinische Grabensenke und die sich bei Bonn öffnende Niederrheinische Bucht" (OESAU & MERZ 1988: 26).

Nachdem die deutschen Mittelgebirge im Zuge der variskischen Orogenese, die vom Devon bis zum Perm anhielt, als Faltengebirge gefaltet und bis zu Beginn des Mesozoikums zu flachhügeligen Rumpfflächen abgetragen wurden, kam es im Tertiär entlang von Verwerfungen zu einer erneuten Hebung von Teilstücken des Mittelgebirges, die seit dieser Zeit wieder der Abtragung unterliegen (AHNERT 1999: 14, 56). So ein Bruchschollengebirge stellt das Rheinische Schiefergebirge dar (AHNERT 1999: 56). „Die tektonische Hebung des Gebirges begann im Tertiär (Miozän) und dauert noch heute an" (AHNERT 1999: 238).

Das Grundgebirge des Rheinischen Schiefergebirges steht Aufgrund der langen Abtragungszeit und der „blockartigen Heraushebung" (SEMMEL 2002: 466) direkt an der Oberfläche oder in geringer Tiefe an (SEMMEL 2002: 466-467). Aufgebaut wird das Rheinische Schiefergebirge vorwiegend aus Sedimentgesteinen des Devon und Unterkarbon, dazu zählen vor allem Schiefer (Schiefer, Rotschiefer, Dachschiefer), Quarzite und Sandsteine (HENNINGSEN & KATZUNG (2002): 41, 46).

Schon vor der Hebung des heutigen Rheinischen Schiefergebirges floss das breite Flusssystem des Ur-Rheins durch diese ehemals flache Landschaft (HENNINGSEN & KATZUNG (2002): 51). Aufgrund seiner Haupterosionsbasis konnte der Ur-Rhein ab dem Binger Loch immer tiefer in das entstehende Rheinische Schiefergebirge hineinerodieren (AHNERT 1999: 224). Die Hebung des Gebirges betrug seit Beginn des Pleistozäns etwa 250 m und um den gleichen Betrag erodierte der Rhein während der Hebung sein Tal, so dass die Höhenlage seines Laufes dadurch ungefähr beibehalten wurde (AHNERT 1999: 238). So entstand im Laufe der Zeit das antezedente Durchbruchstal des Mittelrheins (ZEPP 2003: 167) und im Zuge der Genese dessen auch die bekannten Flussterrassen des Tals.

4.2 Die Flussterrassen des Oberen Mittelrheintals

Da die Hebung des Rheinischen Schiefergebirges nicht ohne Unterbrechung stattfand, sondern in unterschiedlich langen Zeitperioden auch aussetzte, konnten die Flussterrassen des Oberen Mittelrheintals in der heutigen Form entstehen und spiegeln so heute die Stadien der Entstehung des Durchbruchstals wider. „Unterbrechungen des Eintiefungsvorgangs, verknüpft mit Verbreiterung des jeweiligen Talbodens und Ablagerung von Schottern und Sanden, führten zur Bildung der Terrassen" (AHNERT 1999: 238). Neben der Tiefenerosion zu Zeiten des Aufstiegs des Gebirges erodierte der Fluss zu Zeiten des Stillstandes in die Breite der neu geschaffenen Sohle. Bei einer erneuten Hebung des Gebirges kam es wieder zu Tiefenerosion und so wurde wieder ein neues Tal geschaffen, welches in das zuvor gebildete eingeschachtelt wurde. „Auf diese Weise legte der Rhein sein Bett stufenweise herab bis zur heutigen Flußsohle" (OESAU & MERZ 1988: 26).

Die durch die Einschneidung des Rheins ins Rheinische Schiefergebirge entstandenen Terrassen des Mittelrheintals lassen sich Breit- und Engtal zuordnen (AHNERT 1999: 238).

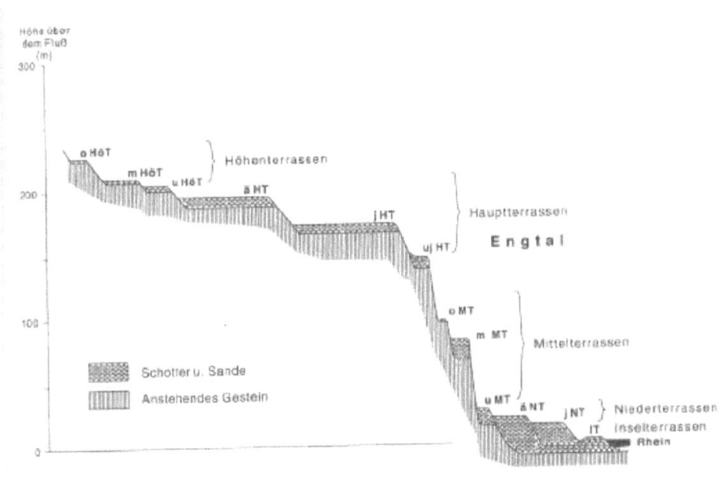

Abbildung 6: Terrassen des Mittelrheintals, schematisch als Sammelprofil dargestellt. Tatsächlich sind an keinem individuellen Hangprofil des Rheintals alle diese Terrassen übereinander vorhanden. Vereinfacht nach BIBUS (1980), Nomenklatur z.T. nach QUITZOW (1974): oHöT, mHöT, uHöT = obere, mittlere und untere Höhenterrasse; äHT, jHt, ujHT = ältere, jüngere und untere jüngere Hauptterrasse; oMT, mMT, uMT = obere, mittlere und untere Mittelterrasse; oNT, uNT = obere und untere Niederterrasse. (Quelle: AHNERT 1999: 239)

Im Bereich des Breittals befinden sich die Höhen- und Hauptterrassen, die die ältesten der pleistozänen Terrassen des Mittelrheins darstellen. Die Höhenterrassen befinden sich in ungefähr 200 bis 240 m Meereshöhe, die Hauptterrassen liegen auf einem Niveau von 130 bis 200 m (AHNERT 1999: 238). Das Engtal teilt sich in Mittelterrassen, die in 30 bis 200 m Meereshöhe zu finden sind und Niederterrassen, die sich im Anschluss an die Aue bis in eine Höhe von 30 m über dem Wasserspiegel befinden, auf (AHNERT 1999: 238). Den Rand des Engtals bildet demnach die jüngere Hauptterrasse; dieser ist nach AHNERT (1999: 238) besonders scharf zwischen dem Binger Loch und Koblenz ausgeprägt, was u.a. an der Loreley zu erkennen ist (Abbildung 7).

Abbildung 7: Der Loreleyfelsen im Mittelrheintal (Quelle: Internet 16))

Die Terrassen des oberen Mittelrheintals sind allesamt Felssohlenterrassen, wohingegen die Niederterrassen des unteren Mittelrheintals an manchen Stellen als Aufschüttungsterrassen in Erscheinung treten (AHNERT 1999: 239). Die auf den Felssohlenterrassen durch den Ur-Rhein abgelagerten pliozänen Kiesel-Schotter enthalten „Gerölle von verkieselten Oolith-Kalksteinen der Jura-Zeit" (HENNINGSEN & KATZUNG (2002): 51), die ursprünglich aus der Gegend von Luxemburg-Lothringen stammen.

5 Die Elbtalweitung bei Dresden

Im Juli 2004 wurde das Elbtal bei Dresden zwischen Schloss Pillnitz und Schloss Übigau auf einer Länge von 19,5 km und einer Fläche von 19,3 km² durch die UNESCO zum Weltkulturerbe ernannt (Internet 17)). Die ausgezeichnete Kulturlandschaft ist somit Teil der Elbtalweitung bei Dresden, die in der Fachliteratur auch manchmal als *Dresdener Elbtalkessel* bezeichnet wird. Der Elbtalkessel wird durch das Elbsandsteingebirge (bei der Stadt Pirna) im Südosten und dem Erzgebirgsvorland (bei der Stadt Meißen) im Nordwesten begrenzt und von der Elbe durchflossen. Er erstreckt sich somit auf einer Länge von ungefähr 45 km und einer Breite von 10 km.

In die Welterbeliste aufgenommen wurde dieses Gebiet vor allem weil „[d]ie Kulturlandschaft des Dresdner Elbtals [..] Natur und Architektur, Stadt und Landschaft [vereint]" (Internet 9)).

Abbildung 8: Die Elbe bei Dresden (Blick ins Elbtal von Schloss Albrechtsberg) (Quelle: Internet 18))

5. 1 Genese der Elbtalweitung bei Dresden

Die Genese der Elbtalweitung hat sich in einer Zeitspanne von rund einer Milliarde Jahren vollzogen (HAHN-HERSE (o.A.): 13). Im Übergang vom Proterozoikum zum Paläozoikum verlief im Bereich der heutigen Elbtalweitung eine Nordwest-Südost verlaufende Schwächezone, die die geologische Grenze zwischen der Sächsisch-Thüringer Großscholle im Südwesten und der Lausitzer Großscholle im Nordosten bildete (HAHN-HERSE (o.A.): 14). Sie trennte also das Erzgebirgskristallin vom Lausitzer Massiv. Im Laufe der Zeit kam es entlang dieser Schwächezone „zum mehrfachen Wechsel von Dehnungs- und Einengungsbeanspruchung der Erdkruste" (HAHN-HERSE (o.A.): 14). In Folge der Dehnung der Erdkruste senkte sich die Schwächezone im Altpaläozoikum ab und wurde mit Sedimenten und vulkanischen Produkten verfüllt (HAHN-HERSE (o.A.): 14). Diese Ablagerungen wurden im Zuge der variszischen Orogenese und der damit verbundenen Einengung gefaltet. Durch die in Folge dessen einsetzende Metamorphose der abgelagerten und im Anschluß daran gefalteten Sedimente wurde das Elbtalschiefergebirge gebildet (siehe Abbildung 9, Nr.1).

Der starke Druck, den das Lausitzer Massiv auf das Elbtalschiefergebirge ausübte, führte dazu, dass dieses in der Folge auf das Erzgebirgskristallin geschoben wurde und entlang der Schwächezone (vor allem im Bereich von Meißen) Schmelzen aufstiegen (Abbildung 9, Nr. 2) (HAHN-HERSE (o.A.): 15).

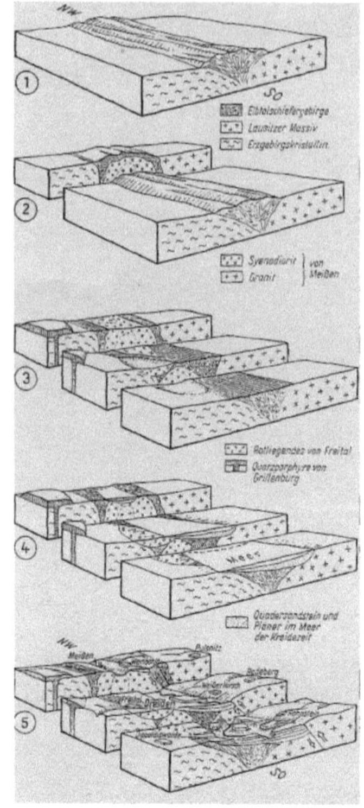

Die Entwicklung der Elbtalzone zwischen Meißen und Bad Schandau in stark vereinfachter Darstellung
(1) Bis Oberkarbon: Sedimentation in NW-SO-gerichtetem Trog und Faltung des Elbtalschiefergebirges zwischen Erzgebirgskristallin und Lausitzer Massiv (diese Scholle vereinfacht mit ebener Oberfläche gezeichnet);
(2) Oberkarbon: Intrusion des Meißener Syenodiorits und Granits;
(3) Unterperm: (Rotliegendes): Einsinken des Döhlener Beckens bei Freital und Sedimentation des dortigen Rotliegenden mit Steinkohle, westlich außerhalb des Elbtalzone Eruption der Grillenburger Quarzporphyre;
(4) Oberkreide (Cenoman – Turon): unsymmetrisches Einsinken der Elbtalzone, Eindringen des Meeres und Sedimentation des Plänermergels bei Meißen – Dreden – Pirna und des Quadersandsteins bei Pirna – Bad Schandau;
(5) Oberkreide (Senon) bis Gegenwart: Entstehung der Lausitzer Überschiebung (Aufschiebung des Lausitzer Massivs auf die Elbtalzone), Entstehung des Elbsandsteingebirges durch Einschneiden des Elbtals und seiner Nebentäler, Entstehung des Plauenschen Grundes bei Freital durch Erosion und des Elbtalgrabens bei Dresden durch Einsinken der Elbtalscholle, Einschneiden des Elbtals bei Meißen in das Meißner Syenodiorit-Granit-Massiv

Abbildung 9: Vereinfachte Darstellung der Entwicklung der Elbtalweitung zwischen Meißen und Bad Schandau (Quelle: WAGENBRETH & STEINER 1989 nach HAHN-HERSE (o.A.): 13).

Vom Oberkarbon bis zur Oberkreide wurde das Elbtalschiefergebirge vorwiegend abgetragen, lediglich im mittleren Jura kam es zu erneuten kleineren Einsenkungen (HAHN-HERSE (o.A.): 15). In der Oberkreide drang das Meer in die heutige Elbtalweitung vor (Abbildung 9, Nr. 4) und so entstand zwischen dem Erzgebirge und der Lausitz ein „schmaler Meeresarm" (HAHN-HERSE (o.A.): 15). Dieser Meeresarm sedimentierte im Bereich des heutigen Elbtalkessels vorwiegend „tonig-kalkige[.] Sedimente (v.a. Pläner)" (HAHN-HERSE (o.A.): 15).

Am Ende der Oberkreide kam es durch Einengung der Erdkruste wieder zu einer Aufschiebung: diesmal allerdings schob sich das Lausitzer Massiv auf den Bereich der heutigen Elbtalweitung (Abbildung 9, Nr. 5) (HAHN-HERSE (o.A.): 15). Da die weitere Entwicklung dieser Landschaft im Tertiär nach HAHN-HERSE (o.A.: 16) „nur wenig dokumentiert" ist und man lediglich davon ausgeht, dass dieses Gebiet durch Verwitterung und Abtragung der Gesteine sehr flach war und bereits von der

Ur-Elbe durchflossen wurde, soll auf diese Zeitspanne an dieser Stelle nicht weiter eingegangen werden.

Prägend waren für das Gebiet des heutigen Elbtalkessels dagegen zwei Vorstöße des nordischen Inlandeises zu Zeiten der Elster-Kaltzeit (HAHN-HERSE (o.A.): 17f.). Durch den ersten Vorstoß kam es im Bereich des Elbtalkessels zu einer bis zu 400 m NN mächtigen Eisüberdeckung und auch der zweite Vorstoß rückte „bis zur 300 m Höhenlinie ins Elbsandsteingebirge vor und überfuhr somit ebenfalls die Elbtalweitung" (HAHN-HERSE (o.A.): 18). Durch die mit Schutt beladene Exaration des Gletschereises und die subglazialen Schmelzwasser wurden große Teile der im Elbtalkessel abgelagerten Kreidegesteine, „vor allem die wenig widerständigen Pläner" (HAHN-HERSE (o.A.): 18) abgetragen.

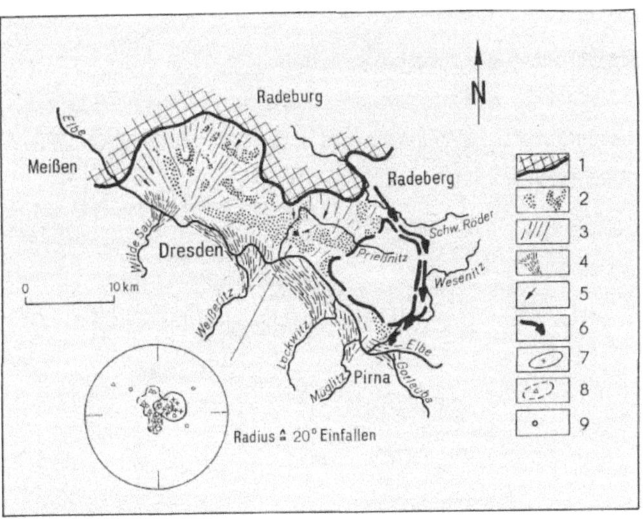

1 - Rand des Älteren Saale-Eisvorstoßes, 2 - heutige Verbreitung des Heidesandes, 3 - ehemalige Verbreitung des Heidesandes, 4 - Schwemmfächer der Elbe (?) und der linken Elbnebenflüsse, 5 - Schüttungsrichtung, 6 - Abflußweg der Eisschmelzwässer von der Röder zur Wesenitz
unten: Schichtungsmessungen in der Sandgrube Kannenhenkel: Darstellung der Flächennormalen, 7 - Ostteil der Grube: Einfallen mit 2 ... 5° nach SW, 8 - Süd- und Westteil: Einfallen mit 1...5° nach S, z. T flach nach N, 9 - Nordostteil (Hangendbereich): wechselndes Einfallen

Abbildung 10: Sander des Älteren Saalevorstoßes bei Dresden (WOLF & ALEXOWSKI 1994 nach HAHN-HERSE (o.A.): 21).

Die beiden Gletschervorstöße schufen so ein Becken, „dessen Grund nach dem zweiten Eisvorstoß an manchen Stellen 10 bis 15 m tiefer lag als die heutige Flußsohle der Elbe" (HAHN-HERSE (o.A.): 18).

Nach dem Abschmelzen der Gletscher wurden Fluss-Schotter der Elbe im Bereich des - von den Gletschern geschaffenem – Glazialbecken abgelagert (HAHN-HERSE (o.A.): 20). Durch das Vordringen des nordischen Inlandeises bis zur Stadt Dresden während der Saale-Kaltzeit konnte die Elbe in diesem Bereich nicht weiter Richtung Norden fließen und wurde gestaut (HAHN-HERSE (o.A.): 21). Dadurch „ergossen sich große Schmelzwasserströme in die Elbtalweitung und schütteten teils sandig-kiesige, überwiegend jedoch recht gut sortierte sandige Ablagerungen in das Becken" (HAHN-HERSE (o.A.): 21), wodurch in Richtung Süden und Westen abdachende Schwemmfächer entstanden (siehe Abbildung 10).

So bilden heute in der Elbtalweitung die frühsaalezeitlichen Schotter die Basis, „auf die von Nordosten die Heidesande des Hellers, eines saalezeitlichen Sanders, geschüttet wurden" (RICHTER 2002: 533).

5.2 Die Flussterrassen der Elbe bei Dresden

Da in Kapitel 4.2 die Flussterrassen des Oberen Mittelrheintals schon genauer bearbeitet wurden, soll auf die Flussterrassen der Elbe bei Dresden an dieser Stelle nur kurz eingegangen werden.

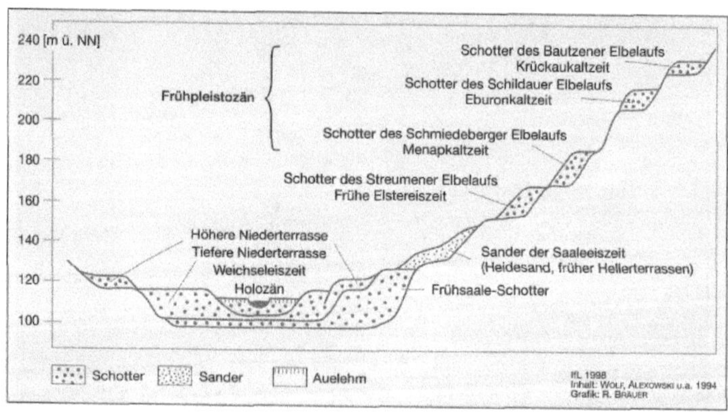

Abbildung 11: Schema der pleistozänen Schotterterrassen der Elbe bei Dresden und südlich von Pirna (stark vereinfacht nach WOLF, ALEXOWSKI et al. 1994 nach RICHTER 2002: 533)

Im Oberpleistozän kam es während der Eem-Warmzeit und vor allem in den feuchtkühlen Abschnitten der Weichsel-Kaltzeit zu einem Einschneiden der Elbe und ihrer Nebenflüsse in die Elbtalweitung. Während der trockenkalten Stadien der Weichsel-Kaltzeit wurden die Täler der Elbtalweitung wiederum mit Schuttmassen verfüllt (HAHN-HERSE (o.A.): 22). Durch diesen mehrfach vollzogenen Wechsel von

Einschnitt und Aufschüttung sind die Flussterrassen der Elbe in der Elbtalweitung entstanden. Bei den pleistozänen Flussterrasen der Elbe bei Dresden handelt es sich nach HAHN-HERSE (o.A.: 22) also um Reste der ehemaligen Aufschüttungssohle der Elbe.

6 Beurteilung der Öffentlichkeitsarbeit anhand der Internetauftritte der drei Welterbestätten

Um die Öffentlichkeitsarbeit anhand der Internetauftritte der drei Welterbestätten – Fossilienlagerstätte Grube Messel – Kulturlandschaft Oberes Mittelrheintal – Elbtalweitung bei Dresden – bewerten zu können, werden im Folgenden die offiziellen Homepages ebendieser dargestellt und im Anschluss daran beurteilt.

6.1 Internetauftritt der Fossilienlagerstätte Grube Messel

Der Internetauftritt des Weltnaturerbes Fossilienlagerstätte Grube Messel gestaltet sich durch die offizielle Homepage - www.grube-messel.de- ästhetisch recht ansprechend, allerdings werden Informationen zu allen möglichen Themenbereichen sehr knapp gehalten. Nach der Startseite öffnet sich die Rubrik *Programm*, in der über wöchentlich laufende Veranstaltungen, öffentliche Ausgrabungstermine von Fossilien, Sonderausstellungen über spezielle Funde, angebotene Grubenspaziergänge und vieles mehr informiert wird. Daneben gibt es eine Rubrik *Aktuelles*, in der über alle aktuellen Veranstaltungen und andere aktuelle Themen, die die Grube betreffen, Auskunft erteilt wird. Im Bereich *A bis Z* kann sich der Besucher der Homepage über Wissenswertes rund um das Welterbe Grube Messel informieren. Allerdings sind die meisten Informationen dieser Rubrik recht kurz gehalten, so dass der interessierte Leser mit diesen Beschreibungen wirklich nur einen ersten Eindruck gewinnt, ohne viel Neues dazuzulernen. Gerade Informationen zur Geologie und Morphologie, die man bei einem Weltnaturerbe erwarten würde, werden nur kurz erteilt oder gar nicht gegeben. Es gibt eine eigene Rubrik *Entstehung*, in der wiederum zur Genese der Grube nicht viel mehr nachzulesen ist, als dass die Forschungsbohrung 2001 entschlüsselt hat, dass die Grube durch eine Maarexplosion entstanden ist. Des Weiteren gibt es noch eine Rubrik *Funde*, in der verschiedene Fossilfunde der Grube kurz gezeigt und beschrieben werden, eine Rubrik *Portrait* und einen Bereich *Shop*.

Insgesamt kann man festhalten, dass Besucher sich auf der Homepage einen ersten Eindruck von der Fossilienlagerstätte und den dort geborgenen Funden machen können. Negativ ist allerdings zu bewerten, dass man nur sehr wenig detaillierte Angaben z.B. zur Genese der Grube, den geborgenen Fossilien usw. erhält. Die Öffentlichkeitsarbeit durch die Internetseite der Grube kann dadurch nur als befriedigend beurteilt werden.

6.2 Internetauftritt der Kulturlandschaft Oberes Mittelrheintal

Die offizielle Homepage des Welterbes Kulturlandschaft Oberes Mittelrheintal - www.welterbe-mittelrheintal.de – ist sehr aufwendig und ansprechend gestaltet und dazu noch außerordentlich informativ. Es gibt sechs verschiedene Hauptrubriken mit einer Masse an weiterführenden Verweisen, die aufgrund ihrer Fülle an dieser Stelle nur auszugsweise erwähnt werden können. Die Hauptrubriken gliedern sich in *Highlights, Das Tal, Freizeit, Tourismus, Region* und *Kids*.

Unter der Rubrik *Highlights* kann man sich in sieben verschiedenen Sprachen über die schönsten Orte, Burgen, Kirchen, Ausblicke, Naturerscheinungen und Panoramen informieren, wobei alles sehr ausführlich und mit vielen Bildern dargestellt wird. Im Bereich *Das Tal* werden nochmals Sehenswürdigkeiten und besondere Naturerscheinungen in den Vordergrund gehoben. Zusätzlich kann man sich hier unter anderem über den Weinbau am Oberen Mittelrheintal und die Arbeit der UNESCO informieren. Unter der Rubrik *Freizeit* erwarten den Besucher der Homepage ausführliche Informationen zu Veranstaltungen, Wander- und Fahrradwegen, Schifffahrten über den Rhein, besonders empfehlenswerte Reisewege (z.B. „In fünf Tagen durchs Tal") und Sport- und Wellnessangebote am Oberen Mittelrhein. In der Rubrik *Tourismus* wird über die Anfahrt zum Oberen Mittelrheintal, verschiedene Unterkünfte und deren Kosten, besondere Angebote und vieles mehr Auskunft erteilt. Der Bereich *Region* stellt noch mal Besonderheiten der Region in den Vordergrund. Unter anderem wird man hier über die Lebensart der Menschen, kulinarische Besonderheiten und die Projekte informiert, die nach der Anerkennung der UNESCO als Welterbestätte z.B. zur Sicherung des Landschaftsbildes, dem Schutz der Natur und Ähnlichem durchgeführt werden. In der abschließenden Hauptrubrik *Kids* wird das Obere Mittelrheintal sehr kindgerecht und mit vielen bunten Bildern beschrieben. Fragen wie „Wie sah das Leben auf einer Burg aus?" oder „Wie ist das Tal eigentlich entstanden?" werden hier sehr anschaulich beantwortet. Auch Onlinespiele rund um das Obere Mittelrheintal, wie z.B. „Das große Rheinrennen" werden hier angeboten.

Alles in Allem kann man festhalten, dass die Kulturlandschaft Oberes Mittelrheintal die informativste und am schönsten aufgebaute Homepage der drei hier verglichenen Internetseiten betreibt. Die Besucher können sich ganz nach Belieben nur oberflächlich informieren oder aber auch sehr ausführlich. Die Öffentlichkeitsarbeit durch die Homepage kann als überdurchschnittlich bewertet werden.

6.3 Internetauftritt des Elbtals bei Dresden

Wenn man den Internetauftritt der offiziellen Homepage des Weltkulturerbes Elbtal bei Dresden und die damit verbundene Öffentlichkeitsarbeit beurteilen will, muss man feststellen, dass dieses Weltkulturerbe keine offizielle Homepage besitzt. Auf der Internetseite der UNESCO, auf der alle offiziellen Homepages der Welterbestätten verlinkt sind, findet man nur die Seite der Stadt Dresden (www.dresden.de) und eine Seite, auf der die Schlösser und Gärten in Dresden dargestellt werden (www.schloesser-dresden.de). Auf der Seite der Stadt Dresden findet man unter der Rubrik *Kultur und Sport* nicht viel mehr als den Hinweis, dass das Elbtal zum Weltkulturerbe ernannt wurde und auf der Homepage der Schlösser und Gärten in Dresden ist noch nicht mal ein solcher Hinweis vorzufinden.

Aus diesem Grund kann die offizielle Homepage des Elbtals bei Dresden nicht und die damit verbundenen Öffentlichkeitsarbeit wenn überhaupt nur als mangelhaft beurteilt werden, was vor allem dadurch zu begründen ist, dass in einer digitalen Zeit das Internet eine sehr große Rolle spielt und die von der UNESCO geforderte Öffentlichkeitsarbeit so nicht gegeben ist.

7 Schlussbetrachtung

Zusammenfassend lässt sich festhalten, dass die Arbeit der UNESCO und ihrer Mitgliedstaaten zum Schutz und Erhalt bedeutender Kultur- und Naturstätten als sehr wertvoll und wichtig anzusehen ist. So wäre beispielsweise ohne die Arbeit der UNESCO die Fossillagerstätte Grube Messel in eine Mülldeponie umfunktioniert worden und damit die bis heute dort geborgenen Fossile in Vergessenheit geraten. Ohne die Aufnahme in die Welterbeliste der UNESCO wäre hier eine bedeutende Naturstätte verloren gegangen.

Aber auch ohne die Ernennung zu einem Weltnaturerbe durch die UNESCO sind viele Naturräume einmalig und schützenswert. So gehören neben der einzigen Weltnaturerbestätte Deutschlands, der Grube Messel, auch andere deutsche Naturstätten, wie beispielsweise das in dieser Arbeit thematisierte Obere Mittelrheintal oder die Elbtalweitung bei Dresden zu diesen zu schützenden Naturräumen.

Ein bedeutendes Anliegen für Natur- und Kulturstätten ist bzw. sollte die Öffentlichkeitsarbeit sein, da diese erheblich zum Schutz einer Stätte beitragen kann. Auch im Hinblick auf die zukünftige Ernennung von neuen Kultur- und Naturstätten zu Welterbestätten ist die Öffentlichkeitsarbeit besonders wichtig, da nur so das öffentliche Interesse geweckt und die Unterstützung der Bevölkerung gewonnen werden kann. Denn wie am Beispiel der Grube Messel gut dokumentiert ist, kann unter Umständen ein „Aufschrei in der Bevölkerung" durch effiziente Öffentlichkeitsarbeit bewirken, dass ein Naturerbe z.B. durch die UNESCO unter einen besonderen Schutz gestellt wird.

Ein Negativbeispiel für gute Öffentlichkeitsarbeit im Bezug auf die Internetpräsenz ist hingegen das Elbtal; hier müssen diesbezüglich noch erhebliche Verbesserungen vorgenommen werden.

Abbildungsverzeichnis

Literaturverzeichnis

AHNERT, F. (1999): Einführung in die Geomorphologie. – 2.Aufl., 440 S.;
Stuttgart.

BIBUS, E. (1980): Zur Relief-, Boden- und Sedimententwicklung am unteren
Mittelrhein. Frankfurter Geow. Arbeiten, Serie D – Physische Geographie, Bd.
1, 296 S.

CHELIUS, C. (1886): Erläuterungen zu Blatt Messel. – Geol. Kt. Grhzgt.
Hessen 1: 25.000, 1. Auflage: 67 S.; Darmstadt. [heutiges Blatt K 25:
6018 Langen (Hessen)]

FELDER, M., HARMS, F.-J. & LIEBIG, V. (2001) mit Beiträgen von Hottenrott
M., Rolf, C. & Wonik, T.: Lithologische Beschreibung der
Forschungsbohrungen Groß-Zimmern, Prinz von Hessen und Offenthal sowie
zweier Lagerstättenbohrungen bei Eppertshausen (Sprendlinger Horst, Eozän,
Messel-Formation, Süd-Hessen). – Geol. Jb. Hessen, **128**: 29-82; Wiesbaden.

GOEBEL, P. (1997): Das Naturerbe der Menschheit: Landschaften unter dem
Schutz der UNESCO. 251 S.; München.

HAHN-HERSE, G. (o.A.): Elbeprojekt – Entwicklung von landschaftsplaner-
ischen Methoden zur Erfassung und Bewertung von
Kulturlandschaftsqualitäten – Bearbeitungsteil: Geologie, Relief, Böden. 40 S.;
Dresden.

HARMS, F.-J. (1998): Das Sediment: Der Messeler Ölschiefer. – In:
KOENIGSWALD, W.v. & STORCH, G. [Hrsg.]: Messel: Ein Pompeji der
Paläontologie. Sigmaringen: 18-19.

HARMS, F.-J. (2001): Eozänzeitliche Ölschiefer-Vorkommen auf dem
Sprendlinger Horst (Süd-Hessen): ein Modell zu ihrer Entstehung. – Natur u.
Museum (3): 86-94; Frankfurt a.M.

HARMS, F.-J. (2004): Forschungsbohrung Messel 2004. – 2.Aufl., 1-4;
Messel. [Faltblatt]

HARMS, F.-J., ADERHOLD, G., HOFFMANN, I., NIX,T. & ROSENBERG, F. (1999):
Erläuterungen zur Grube Messel bei Darmstadt (Südhessen). – In: A. Hoppe &
F.F. Steininger [Hrsg.].: Exkursionen zu Geotogen in Hessen und Rheinland-
Pfalz sowie zu naturwissenschaftlichen Beobachungspunkten Johann

Wolfgang von Goethes in Böhmen. – Schr.-Reihe Deut. Geol. Ges., **8**: 181-222; Hannover.

HARMS, F.-J.,, NIX, T. & FELDER, M. (2003): Neue Darstellungen zur Geologie des Ölschiefer-Vorkommens Grube Messel. – Natur u. Museum, **133** (5): 140 – 148; Frankfurt a. M.

HENNINGSEN, D. & KATZUNG, G. (2002): Einführung in die Geologie Deutschlands.- 6.Aufl., 214 S.; Heidelberg, Berlin.

JACOBY, W. (1997): Tektonik und eozäner Vulkanismus des Sprendlinger Horstes, NE-Flanke des Oberrheingrabens. – Schr.-Reihe Dt. Geol. Ges., **2**: 66-67; Hannover.

JACOBY, W., WALLNER, H. & SMILDE, P. (2000): Eocene tectonics and volcanism around Messel: Reactivated fault zones, pullapart and maar formation. – Terra Nostra, 2000/6: 195-204; Berlin.

KOENIGSWALD, W.v. & STORCH, G. [Hrsg.] (1998): Messel: Ein Pompeji der Paläontologie. 151 S.; Sigmaringen.

LIPPOLT, H. J., BARANYI, I. & TODT, W. (1975): Die Kalium-Argon-Alter der post-permischen Vulkanite des nordöstlichen Oberrheingrabens. – Der Aufschluß, Sonderband 27 (Odenwald): 205-212; Heidelberg.

MARELL, D. (1989): Das Rotliegende zwischen Odenwald und Taunus. – Geologische Abhandlungen Hessen, **89**: 128 S.; Wiesbaden.

MATTHESS, G. (1966): Zur Geologie des Ölschiefervorkommens von Messel´ bei Darmstadt. – Abh. Hess. L.-Amt Bodenforsch., **51**: 81 S.; Wiesbaden.

MATTHESS G. (1995): Die Erdgeschichte des Ölschiefervorkommens von Grube Messel. – In: SCHAAL, S. & SCHNEIDER, U. [Hrsg.]: Chronik der Grube Messel. Gladenbach: 25 – 33. – [enthält unveränderten Nachdruck der Messel-Chronik von G. Beerger (1979)]

NEGENDANK, J.F.W. (1975): Permische und tertiäre Vulkanite im Bereich des nördlichen Odenwaldes. – Aufschluß, Sonderband **27** (Odenwald): 197-204; Heidelberg.

NIX, T. (2004): Untersuchung der ingenieurgeologischen Verhältnisse der Grube Messel (Darmstadt) im Hinblick auf die Langzeitstabilität der Grubenböschungen. – Geologische Abhandlungen Hessen, **112**: 159 S.; Wiesbaden.

NIX, T. & FELDER, M. (2002): Weltnaturerbe Grube Messel. – In: HÜSSNER, H.,

HINDERER, M., GÖTZ, A.E. & PETSCHIK, R. [Hrsg.]: Sediment 2002 – Exkursionen und Kompaktkurse. – Schriftenreihe der Deut. Geol. Gesel., **18**: 45-57; Hannover.

OESAU, A. & MERZ, H.G. (1988): Naturdenkmale in Rheinland-Pfalz. 232 S.; Hannover.

QUITZOW, H. W. (1974): Das Rheintal und seine Entstehung. Centenaire de la Societé Géologique de Belgique: la Evolution Quaternaire des Bassins Fluviaux de la Me du Nord Merídionale. Liege, 53 – 104.

RICHTER, H. (2002): Sächsische Schweiz und Elbtalgraben. In: LIEDTKE, H. & MARCINEK, J. [Hrsg.]: Physische Geographie Deutschlands. 3.Aufl.;Gotha, Stuttgart: 528 - 533.

SCHAAL, S. & SCHNEIDER, U. [Hrsg.] (1995): Chronik der Grube Messel. 276 S.; Gladenbach. – [enthält unveränderten Nachdruck der Messel-Chronik von G. Beerger (1979)]

SEMMEL, A. (2002): Rheinisches Schiefergebirge. – In: LIEDTKE, H. & MARCINEK, J. [Hrsg.]: Physische Geographie Deutschlands. 3.Aufl.;Gotha, Stuttgart: 466 – 471.

TAYLOR, G.H., TEICHMÜLLER, M., DAVIS, A., DIESSEL, C.F.K., LITTKE, R. & ROBERT, P. (1998): Organic Petrology: 704 S.; Berlin, Stuttgart.

TOBIEN, H. (1995): Vorkommen und Eigenschaften des Messeler Ölschiefers - In: SCHAAL, S. & SCHNEIDER, U. [Hrsg.]: Chronik der Grube Messel. Gladenbach: 43 – 48. – [enthält unveränderten Nachdruck der Messel-Chronik von G. Beerger (1979)]

WOLF, L. & ALEXOWSKI, W. (1994): Fluviatile und glazialäre Ablagerungen am äußeren Rand der Elster- und Saale-Vereisung; die spättertiäre und quatäre Geschichte des sächsischen Elbgebiets. – In: EISSMANN, L. & LITT, T. [Hrsg.]: Das Quatär Mitteldeutschlands. Leitfaden und Exkursionsführer 27. DEUQUA-Tagung Leipzig. Altenburg: 190 – 235.

WAGENBRETH, O. & STEINER, W. (1989): Geologische Streifzüge – Landschaft und Erdgeschichte zwischen Kap Arkona und Fichtelberg. 2. Aufl., 204 S.; Leipzig.

WEBER, J. & HOFFMANN, U, (1982): Kernbohrungen in der eozänen Fossilienlagerstätte Grube Messel. – Geol. Abh. Hessen; **83**: 58 S.; Wiesbaden.

ZEPP, H. (2003): Geomorphologie. – 2. Aufl., 354 S.; Paderborn.

Internetquellen

1) http://www.unesco.de/ vom 25.04.2006

2) http://www.unesco.de/c_aktuelles/chronik.htm vom 25.05.2006

3) http://www.unesco.de/c_arbeitsgebiete/kulturprogramm.htm vom
   25.05.2006

4) http://www.unesco.de/c_arbeitsgebiete/welterbekonvention.htm vom
   25.05.2006

5) http://www.unesco.de/c_bibliothek/info-welterbekonvention.pdf vom
   25.05.2006

6) http://www.unesco.de/c_arbeitsgebiete/info-welterbe.pdf vom 25.05.2006

7) http://www.unesco.de/c_arbeitsgebiete/welterbe_rote_liste.htm vom
   25.05.2006

8) http://www.unesco.de/c_arbeitsgebiete/info-welterbeaufnahmekriterien.pdf
   vom 25.05.2006

9) http://www.unesco.de/c_arbeitsgebiete/info-welterbedeutschland.pdf vom333
   25.05.2006

10) http://www.unesco-heute.de/1002/messel.htm vom 30.05.2006

11) http://www.tt.fh-koeln.de/publications/ittpub300102_7.pdf vom
    30.05.2006

12) http://www.geosience-online.de/index.php?cmd=focus_detail2&f_id=268&
    rang=10 vom 30.05.2006

13) http://www.grube-messel.de/ vom 30.05.2006

14) http://www.unesco-heute.de/902/mittelrheintal.htm vom 03.06.2006

15) http://www.naturkunde-online.de/mittelrhein.html vom 03.06.2006

16) http://de.wikipedia.org/wiki/Loreley vom 10.06.2006

17) http://www.dresden.de/index.html?node=22716&PHPSESSID=
    fd08f69d29187726e176ef2117285388 vom 12.06.2006

18) http://images.google.de/imgres?imgurl=http://www.mdr.de/l/2014395.jpg
    &imgrefurl=http://www.mdr.de/kultur/2014242.html&h=304&w=405&sz=39&tbn
    id=QZQCPJJlm7lJdM:&tbnh=90&tbnw=121&hl=de&start=1&prev=/images%3
    Fq%3Delbtal%2Bbei%2Bdresden%26svnum%3D10%26hl%3Dde%26lr%3D%
    26rls%3DGAPB,GAPB:2005-09,GAPB:de%26sa%3DN vom 12.06.2006